8+

Timed Tests

MULTIPLICATION DOUBLE - DIGIT

GRADE 3-5

TH BOOK BELONGS TO

O.D. KIDS

- Copyright 2020/2021 ©™ x
Copyright of this site and its contents for printing.
All rights reserved. Redistribution or reproduction of a part or all of the content in any form is prohibited.

- Copyright 2020/2021 ©™ - 1 O.D. KIDS

A Guide for Parents

Welcome, parents! One of the most important gifts we can give our children is to help them learn to read and write so that they can succeed in school and beyond. Confident, active readers are able to use their reading skills to follow their passions and curiosity about the world. We all read for a purpose: to be entertained, to take a journey of the imagination, to connect with others, to figure out how to do something, and to learn about history, science, the arts, and everything else. Learning to read is complex. Children don't learn one readingxrelated skill and then move on to the next in a stepxbyxstep process. Instead, they are learning to do many things at the same time: decoding, reading with comfortable fluency, absorbing new vocabulary, understanding what the text says, and discovering that reading is pleasurable and builds knowledge about the world. We hope this guide will give you a better understanding of what it takes to learn to read (and write) and how you can help your children grow as readers, writers, and learners!

mutiplication

Multiplication table

1	2	3	4	5	6	7	8	9	10
2	4	6	8	10	12	14	16	18	20
3	6	9	12	15	18	21	24	27	30
4	8	12	16	20	24	28	32	36	40
5	10	15	20	25	30	35	40	45	50
6	12	18	24	30	36	42	48	54	60
7	14	21	28	35	42	49	56	63	70
8	16	24	32	40	48	56	64	72	80
9	18	27	36	45	54	63	72	81	90
10	20	30	40	50	60	70	80	90	100

Day 1

☐ Name : _____
☐ Date : _____

Score .../12

×	5	3
	4	7
=		

×	5	6
	4	7
=		

×	5	4
	8	7
=		

×	5	8
	4	7
=		

×	5	4
	2	7
=		

×	6	4
	9	7
=		

×	5	4
	2	7
=		

×	2	4
	4	7
=		

×	5	8
	2	7
=		

×	9	4
	4	2
=		

×	5	4
	4	7
=		

×	8	2
	3	6
=		

Day 2

Name : _____
Date : _____

Score .../12

x	4	3
	1	7
=		

x	5	6
	4	6
=		

x	3	1
	8	5
=		

x	4	2
	4	3
=		

x	4	4
	3	7
=		

x	4	3
	8	1
=		

x	5	4
	4	6
=		

x	2	4
	4	8
=		

x	5	8
	2	7
=		

x	9	4
	4	2
=		

x	4	2
	4	7
=		

x	8	4
	4	6
=		

Day 3

- Name : _____
- Date : _____

Score .../12

×	5	3
	3	7
=		

×	5	2
	3	7
=		

×	1	8
	8	6
=		

×	5	4
	7	7
=		

×	2	4
	3	6
=		

×	6	5
	6	7
=		

×	2	8
	3	7
=		

×	6	2
	4	7
=		

×	1	2
	3	7
=		

×	7	4
	1	2
=		

×	5	4
	3	1
=		

×	8	1
	4	6
=		

Day 4

Name: _____
Date: _____

Score .../12

×	4	1
	2	7
=		

×	5	6
	4	6
=		

×	3	1
	8	5
=		

×	4	2
	6	3
=		

×	4	4
	3	7
=		

×	4	3
	8	1
=		

×	5	4
	4	6
=		

×	3	4
	4	9
=		

×	8	8
	2	7
=		

×	9	6
	1	2
=		

×	4	2
	1	5
=		

×	8	4
	6	6
=		

Day 5

Name: _____
Date: _____

Score .../12

×	5	3
	4	4
=		

×	5	6
	5	7
=		

×	2	4
	8	7
=		

×	5	8
	4	2
=		

×	2	4
	2	7
=		

×	3	4
	9	7
=		

×	5	4
	2	9
=		

×	2	4
	5	7
=		

×	5	8
	9	7
=		

×	9	3
	4	2
=		

×	5	4
	4	4
=		

×	8	9
	7	6
=		

Day 6

☐ Name : _____
☐ Date : _____

Score .../12

×	4	3
	1	3
=		

×	1	6
	2	6
=		

×	3	0
	0	5
=		

×	4	2
	1	3
=		

×	4	4
	2	7
=		

×	0	3
	8	1
=		

×	1	4
	4	1
=		

×	2	4
	4	2
=		

×	5	8
	2	3
=		

×	9	4
	4	5
=		

×	4	1
	4	7
=		

×	8	4
	5	6
=		

Day 7

- Name : _____
- Date : _____

Score .../12

×	9	4
	7	2
=		

×	2	2
	1	3
=		

×	4	7
	5	7
=		

×	1	4
	3	7
=		

×	2	4
	1	6
=		

×	4	5
	3	7
=		

×	7	8
	8	7
=		

×	6	2
	5	7
=		

×	1	6
	1	7
=		

×	4	4
	0	2
=		

×	4	0
	9	1
=		

×	3	1
	1	6
=		

Day 8

☐ Name: _____
☐ Date: _____

Score .../12

×	5	1
	4	7
=		

×	4	0
	2	6
=		

×	3	1
	2	5
=		

×	4	3
	2	3
=		

×	9	1
	5	7
=		

×	1	1
	4	1
=		

×	3	4
	1	7
=		

×	4	4
	7	5
=		

×	1	3
	1	7
=		

×	4	5
	1	6
=		

×	4	2
	2	3
=		

×	4	3
	3	0
=		

Day 9

- Name : _____
- Date : _____

Score .../12

×	1	3
	3	7
=		

×	3	6
	1	4
=		

×	5	0
	1	7
=		

×	6	9
	2	7
=		

×	2	3
	9	7
=		

×	2	0
	3	7
=		

×	8	5
	9	7
=		

×	3	0
	4	7
=		

×	2	0
	1	7
=		

×	3	4
	0	3
=		

×	3	5
	4	7
=		

×	2	2
	2	4
=		

Day 10

Name: _____
Date: _____
Score .../12

×	5	5
	3	7
=		

×	5	6
	1	0
=		

×	8	0
	2	5
=		

×	3	2
	2	3
=		

×	8	4
	3	7
=		

×	6	3
	6	7
=		

×	9	1
	4	6
=		

×	9	4
	7	8
=		

×	0	8
	0	2
=		

×	2	0
	1	2
=		

×	6	2
	5	7
=		

×	3	4
	1	0
=		

Day 11

☐ Name : _____
☐ Date : _____

Score .../12

×	4	1
	2	3
=		

×	3	0
	2	7
=		

×	2	8
	4	6
=		

×	4	4
	1	7
=		

×	4	4
	1	4
=		

×	1	4
	2	7
=		

×	7	8
	2	1
=		

×	4	0
	2	3
=		

×	2	2
	1	9
=		

×	6	4
	3	3
=		

×	6	4
	2	1
=		

×	3	0
	1	6
=		

Day 12

- Name : _____
- Date : _____

Score .../12

×	6	1
	2	2
=		

×	6	5
	5	1
=		

×	1	1
	1	5
=		

×	7	2
	3	0
=		

×	3	4
	2	0
=		

×	6	3
	1	1
=		

×	6	0
	1	6
=		

×	3	0
	7	9
=		

×	8	8
	4	7
=		

×	4	4
	1	8
=		

×	4	2
	3	0
=		

×	7	4
	4	1
=		

Day 13

Name: _____
Date: _____
Score .../12

×	4	2
	6	4
=		

×	3	6
	2	3
=		

×	8	6
	4	7
=		

×	0	2
	7	2
=		

×	3	4
	4	8
=		

×	5	1
	2	7
=		

×	6	0
	3	9
=		

×	6	4
	4	2
=		

×	4	6
	1	7
=		

×	2	8
	1	2
=		

×	7	4
	5	4
=		

×	3	0
	6	6
=		

Day 14

Name: _____
Date: _____

Score .../12

×	0	5
	3	3
=		

×	6	6
	3	0
=		

×	7	9
	2	5
=		

×	1	5
	1	3
=		

×	8	4
	0	7
=		

×	6	3
	7	0
=		

×	8	3
	2	1
=		

×	6	4
	0	3
=		

×	8	2
	1	3
=		

×	7	4
	1	3
=		

×	6	1
	5	4
=		

×	0	4
	0	8
=		

Day 15

Name: _____
Date: _____
Score .../12

×	7	4
	2	3
=		

×	3	2
	1	0
=		

×	7	0
	6	7
=		

×	0	4
	3	7
=		

×	3	4
	1	6
=		

×	7	0
	3	7
=		

×	3	8
	8	4
=		

×	1	2
	0	7
=		

×	1	4
	1	7
=		

×	3	4
	0	2
=		

×	1	0
	9	1
=		

×	8	3
	1	6
=		

Day 16

Name: _____
Date: _____

Score .../12

×	6	1
	4	7
=		

×	4	0
	2	6
=		

×	3	1
	2	5
=		

×	4	3
	2	3
=		

×	9	1
	5	7
=		

×	1	1
	4	1
=		

×	3	4
	1	7
=		

×	4	4
	7	5
=		

×	1	4
	1	7
=		

×	4	5
	1	6
=		

×	4	2
	2	3
=		

×	4	3
	3	0
=		

Day 17

- Name: _____
- Date: _____

Score .../12

×	1	3
	7	7
=		

×	8	6
	2	7
=		

×	7	4
	6	7
=		

×	6	8
	4	7
=		

×	5	4
	1	0
=		

×	5	4
	3	7
=		

×	7	4
	3	0
=		

×	2	4
	1	8
=		

×	4	5
	8	7
=		

×	7	4
	2	2
=		

×	1	4
	0	7
=		

×	1	2
	1	3
=		

Day 18

- Name : _____
- Date : _____

Score .../12

×	2	3
	1	7
=		

×	4	6
	1	6
=		

×	5	1
	2	5
=		

×	9	2
	7	3
=		

×	8	4
	2	7
=		

×	8	3
	4	1
=		

×	1	4
	7	6
=		

×	9	4
	8	8
=		

×	3	8
	1	5
=		

×	4	4
	3	2
=		

×	7	3
	4	7
=		

×	3	7
	2	6
=		

Day 19

☐ Name : _____
☐ Date : _____

Score .../12

×	3	3
	7	4
=		

×	1	2
	2	8
=		

×	5	8
	4	6
=		

×	4	7
	2	7
=		

×	6	4
	1	3
=		

×	4	0
	1	7
=		

×	4	8
	2	7
=		

×	3	2
	1	2
=		

×	8	2
	1	5
=		

×	5	4
	3	3
=		

×	7	5
	6	1
=		

×	3	0
	3	6
=		

Day 20

Name: _____
Date: _____

Score .../12

x	1	1
	3	3
=		

x	7	6
	9	6
=		

x	9	1
	2	5
=		

x	5	4
	1	3
=		

x	6	4
	2	5
=		

x	1	4
	0	1
=		

x	5	4
	1	4
=		

x	1	4
	7	6
=		

x	3	8
	2	2
=		

x	2	7
	2	2
=		

x	4	2
	5	8
=		

x	7	0
	3	6
=		

Day 21

☐ Name : _____
☐ Date : _____

Score .../12

×	6	3
	8	7
=		

×	3	6
	2	7
=		

×	6	4
	4	7
=		

×	8	8
	2	2
=		

×	2	4
	4	4
=		

×	5	4
	2	8
=		

×	1	4
	3	8
=		

×	5	4
	4	6
=		

×	2	8
	1	3
=		

×	1	3
	3	2
=		

×	8	5
	7	4
=		

×	9	9
	1	8
=		

Day 22

- Name : _____
- Date : _____

Score .../12

×	4	3
	3	3
=		

×	5	6
	1	6
=		

×	3	0
	2	5
=		

×	7	2
	4	3
=		

×	8	4
	0	7
=		

×	6	3
	2	0
=		

×	4	4
	7	6
=		

×	2	4
	6	4
=		

×	4	7
	2	3
=		

×	6	6
	7	5
=		

×	8	1
	4	7
=		

×	1	4
	0	6
=		

Day 23

Name: _____
Date: _____
Score .../12

×	0	4
	0	2
=		

×	2	2
	1	3
=		

×	4	7
	5	7
=		

×	1	6
	3	7
=		

×	1	5
	1	6
=		

×	4	5
	3	7
=		

×	8	8
	8	7
=		

×	6	2
	5	7
=		

×	7	6
	1	0
=		

×	4	4
	3	2
=		

×	7	0
	9	5
=		

×	3	7
	1	6
=		

Day 24

☐ Name : _____
☐ Date : _____

Score .../12

	8	1
×	4	8
=		

	4	0
×	2	6
=		

	4	1
×	2	5
=		

	4	3
×	2	6
=		

	9	1
×	5	7
=		

	4	6
×	1	1
=		

	3	4
×	2	7
=		

	4	7
×	7	5
=		

	2	3
×	1	7
=		

	4	5
×	1	6
=		

	4	2
×	2	3
=		

	4	3
×	3	9
=		

Day 25

Name: _____
Date: _____
Score .../12

	8	3
×	3	7
=		

	7	6
×	1	4
=		

	6	0
×	1	7
=		

	7	9
×	2	7
=		

	9	3
×	9	7
=		

	8	0
×	3	7
=		

	3	5
×	2	7
=		

	4	0
×	4	7
=		

	5	0
×	1	7
=		

	4	4
×	0	6
=		

	3	5
×	4	7
=		

	2	2
×	0	4
=		

Day 26

Name: _____
Date: _____
Score .../12

×	7	5
	3	7
=		

×	4	6
	1	0
=		

×	6	0
	2	5
=		

×	1	2
	0	3
=		

×	7	4
	3	7
=		

×	5	3
	6	7
=		

×	7	1
	4	6
=		

×	9	4
	6	8
=		

×	0	8
	0	2
=		

×	5	0
	1	2
=		

×	5	2
	5	6
=		

×	3	9
	1	0
=		

Day 27

Name: _____
Date: _____

Score .../12

×	8	1
	2	3
=		

×	6	0
	2	7
=		

×	5	8
	4	6
=		

×	3	4
	1	7
=		

×	4	4
	1	4
=		

×	7	4
	2	7
=		

×	8	8
	2	1
=		

×	3	0
	2	3
=		

×	6	2
	1	9
=		

×	8	4
	3	3
=		

×	8	4
	2	1
=		

×	6	0
	1	6
=		

Day 28

❑ Name : ____________

❑ Date : ____________

Score
.../12

X	5	3
	4	7
=		

X	5	6
	4	7
=		

X	5	4
	4	7
=		

X	5	8
	4	7
=		

X	5	4
	2	7
=		

X	6	4
	3	7
=		

X	5	4
	2	7
=		

X	4	4
	2	7
=		

X	5	8
	2	7
=		

X	9	4
	4	2
=		

X	5	4
	4	7
=		

X	8	2
	3	6
=		

Day 29

☐ Name : _____
☐ Date : _____

Score .../12

×	4	3
	1	7
=		

×	5	6
	4	6
=		

×	8	1
	3	5
=		

×	4	9
	4	3
=		

×	4	4
	3	7
=		

×	7	3
	4	1
=		

×	5	4
	4	6
=		

×	4	9
	4	8
=		

×	5	8
	2	7
=		

×	9	4
	4	2
=		

×	5	6
	4	7
=		

×	8	4
	4	6
=		

Day 30

Name: _____
Date: _____

Score .../12

×	5	3
	3	7
=		

×	5	2
	3	7
=		

×	8	8
	2	6
=		

×	5	4
	3	9
=		

×	3	6
	3	6
=		

×	7	5
	6	9
=		

×	6	8
	4	7
=		

×	6	2
	4	7
=		

×	4	2
	3	7
=		

×	7	4
	1	2
=		

×	5	4
	3	1
=		

×	8	1
	4	6
=		

Day 31

Name: _____
Date: _____
Score .../12

×	4	1
	2	7
=		

×	5	6
	4	6
=		

×	8	1
	3	5
=		

×	6	2
	1	3
=		

×	4	4
	3	7
=		

×	4	3
	2	1
=		

×	5	4
	4	6
=		

×	6	4
	4	9
=		

×	8	8
	2	7
=		

×	9	6
	1	2
=		

×	4	2
	1	5
=		

×	8	4
	6	6
=		

Day 32

☐ Name : _____
☐ Date : _____

Score .../12

×	5	3
	4	4
=		

×	5	6
	5	0
=		

×	9	4
	8	7
=		

×	5	8
	4	2
=		

×	2	4
	2	1
=		

×	3	4
	1	7
=		

×	5	4
	2	9
=		

×	2	4
	1	7
=		

×	7	8
	2	7
=		

×	9	3
	4	2
=		

×	5	4
	4	4
=		

×	8	9
	7	6
=		

Day 33

☐ Name: _____
☐ Date: _____

Score .../12

×	4	3
	1	3
=		

×	4	6
	2	6
=		

×	3	0
	0	5
=		

×	4	2
	1	3
=		

×	4	4
	2	7
=		

×	6	3
	4	1
=		

×	6	4
	4	1
=		

×	7	4
	4	2
=		

×	5	8
	2	3
=		

×	9	4
	4	5
=		

×	4	1
	1	7
=		

×	8	4
	5	6
=		

Day 34

Name: _____
Date: _____

Score .../12

×	9	4
	7	2
=		

×	2	2
	1	3
=		

×	5	7
	4	7
=		

×	6	4
	3	7
=		

×	2	4
	1	6
=		

×	4	5
	3	7
=		

×	9	8
	3	7
=		

×	6	2
	5	7
=		

×	2	6
	1	5
=		

×	4	4
	0	2
=		

×	4	0
	2	1
=		

×	3	1
	1	6
=		

Day 35

Name : _____
Date : _____
Score .../12

×	5	1
	4	7
=		

×	4	0
	2	6
=		

×	3	1
	2	5
=		

×	4	3
	2	3
=		

×	9	1
	5	7
=		

×	3	1
	2	1
=		

×	3	4
	1	7
=		

×	8	4
	7	5
=		

×	2	3
	1	9
=		

×	4	5
	1	6
=		

×	4	2
	2	3
=		

×	4	3
	3	0
=		

Day 36

Name: _____
Date: _____

Score .../12

×	4	3
	3	7
=		

×	3	6
	1	4
=		

×	5	0
	1	7
=		

×	6	9
	2	7
=		

×	7	3
	4	7
=		

×	6	0
	5	7
=		

×	7	5
	3	7
=		

×	5	0
	2	1
=		

×	2	0
	1	7
=		

×	3	4
	0	3
=		

×	3	5
	2	3
=		

×	6	2
	2	4
=		

Day 37

- Name : _____
- Date : _____

Score .../12

×	5	5
	3	7
=		

×	5	6
	1	0
=		

×	8	0
	2	5
=		

×	3	2
	2	3
=		

×	8	4
	3	7
=		

×	6	3
	5	7
=		

×	9	1
	4	6
=		

×	9	4
	7	8
=		

×	0	8
	0	2
=		

×	2	0
	1	2
=		

×	6	2
	5	7
=		

×	3	4
	1	0
=		

Day 38

- Name : _____
- Date : _____

Score .../12

×	4	1
	2	3
=		

×	3	0
	2	7
=		

×	6	8
	4	6
=		

×	4	4
	1	7
=		

×	5	4
	1	4
=		

×	3	4
	2	7
=		

×	7	8
	2	1
=		

×	4	0
	2	3
=		

×	2	2
	1	9
=		

×	6	4
	3	3
=		

×	6	4
	2	1
=		

×	3	0
	1	6
=		

Day 39

Name: _____
Date: _____
Score .../12

x	6	1
	2	2
=		

x	6	5
	5	1
=		

x	2	1
	1	5
=		

x	7	2
	3	0
=		

x	3	4
	2	0
=		

x	6	3
	1	1
=		

x	6	0
	1	6
=		

x	8	0
	7	9
=		

x	8	8
	4	7
=		

x	4	4
	1	8
=		

x	4	2
	3	0
=		

x	7	4
	4	1
=		

Day 40

- Name : _____
- Date : _____

Score .../12

×	7	2
	6	4
=		

×	3	6
	2	3
=		

×	8	6
	4	7
=		

×	6	2
	5	2
=		

×	8	4
	4	8
=		

×	5	1
	2	7
=		

×	6	0
	3	9
=		

×	6	4
	4	2
=		

×	4	6
	1	7
=		

×	2	8
	1	2
=		

×	7	4
	5	4
=		

×	3	0
	2	6
=		

Day 41

Name: _____
Date: _____
Score .../12

×	8	5
	3	3
=		

×	6	6
	3	0
=		

×	7	9
	2	5
=		

×	1	5
	1	3
=		

×	8	4
	0	7
=		

×	8	3
	7	0
=		

×	8	3
	2	1
=		

×	6	4
	0	3
=		

×	8	2
	1	3
=		

×	7	4
	1	3
=		

×	6	1
	5	4
=		

×	3	9
	0	8
=		

Day 42

Name: _____
Date: _____

Score .../12

×	7	4
	2	3
=		

×	3	2
	1	0
=		

×	7	0
	6	7
=		

×	4	4
	3	7
=		

×	3	4
	1	6
=		

×	7	0
	3	7
=		

×	9	8
	8	4
=		

×	1	2
	0	7
=		

×	4	9
	1	7
=		

×	3	4
	0	2
=		

×	8	0
	2	1
=		

×	8	3
	1	6
=		

Day 43

☐ Name : _____
☐ Date : _____

Score .../12

×	6	1
	4	7
=		

×	4	0
	2	6
=		

×	3	1
	2	5
=		

×	4	3
	2	3
=		

×	9	1
	5	7
=		

×	4	1
	4	1
=		

×	3	4
	1	7
=		

×	6	4
	2	5
=		

×	3	9
	1	7
=		

×	4	5
	1	6
=		

×	4	2
	2	3
=		

×	4	3
	3	0
=		

Day 44

Name : _____
Date : _____

Score .../12

×	6	3
	2	7
=		

×	8	6
	2	7
=		

×	7	4
	6	7
=		

×	6	8
	4	7
=		

×	5	4
	1	0
=		

×	5	4
	3	7
=		

×	7	4
	3	0
=		

×	2	4
	1	8
=		

×	4	5
	3	7
=		

×	7	4
	2	2
=		

×	1	4
	0	7
=		

×	3	2
	1	3
=		

Day 45

Name: _____
Date: _____
Score .../12

×	2	3
	1	7
=		

×	4	6
	1	6
=		

×	5	1
	2	5
=		

×	9	2
	7	3
=		

×	8	4
	2	7
=		

×	8	3
	4	1
=		

×	5	4
	3	6
=		

×	9	4
	8	8
=		

×	3	8
	1	5
=		

×	4	4
	3	2
=		

×	7	3
	4	7
=		

×	3	7
	2	6
=		

Day 46

❑ Name : ____________

❑ Date : ____________

Score .../12

X	6	3
	1	4
=		

X	4	2
	2	8
=		

X	5	8
	4	6
=		

X	4	7
	2	7
=		

X	6	4
	1	3
=		

X	4	0
	1	7
=		

X	4	8
	2	7
=		

X	3	2
	1	2
=		

X	8	2
	1	5
=		

X	5	4
	3	3
=		

X	7	5
	6	1
=		

X	5	0
	3	6
=		

Day 47

Name: _____
Date: _____

Score .../12

×	5	1
	3	3
=		

×	7	6
	3	6
=		

×	9	1
	2	5
=		

×	5	4
	1	3
=		

×	6	4
	2	5
=		

×	1	4
	0	1
=		

×	5	4
	1	4
=		

×	8	4
	7	6
=		

×	3	8
	2	2
=		

×	2	7
	2	2
=		

×	6	2
	5	8
=		

×	7	0
	3	6
=		

Day 48

Name: _____
Date: _____

Score .../12

×	6	3
	4	7
=		

×	3	6
	2	7
=		

×	6	4
	4	7
=		

×	8	8
	2	2
=		

×	6	4
	4	4
=		

×	5	4
	2	8
=		

×	6	6
	3	8
=		

×	5	4
	4	6
=		

×	2	8
	1	3
=		

×	4	3
	3	2
=		

×	8	5
	7	4
=		

×	9	9
	1	8
=		

Day 49

- Name : _____
- Date : _____

Score .../12

×	4	3
	3	3
=		

×	5	6
	1	6
=		

×	3	0
	2	5
=		

×	7	2
	4	3
=		

×	8	4
	0	7
=		

×	6	3
	2	0
=		

×	4	4
	2	6
=		

×	3	1
	2	4
=		

×	4	7
	2	3
=		

×	6	6
	6	5
=		

×	8	1
	4	7
=		

×	1	4
	0	6
=		

Day	50

❑ Name : ____________

❑ Date : ____________

Score .../12

X	0	4
	0	2
=		

X	2	2
	1	3
=		

X	6	2
	5	7
=		

X	4	5
	3	7
=		

X	3	5
	1	6
=		

X	4	5
	3	7
=		

X	8	8
	8	7
=		

X	6	2
	5	7
=		

X	7	6
	1	0
=		

X	4	4
	3	2
=		

X	8	0
	3	5
=		

X	3	7
	1	6
=		

Day 51

Name: _____
Date: _____
Score .../12

×	8	1
	4	8
=		

×	4	0
	2	6
=		

×	4	1
	2	5
=		

×	4	3
	2	6
=		

×	9	1
	5	7
=		

×	4	6
	1	1
=		

×	3	4
	2	7
=		

×	5	7
	2	5
=		

×	2	3
	1	7
=		

×	4	5
	1	6
=		

×	4	2
	2	3
=		

×	4	3
	3	9
=		

Day 52

- Name : _____
- Date : _____

Score .../12

×	8	3
	3	7
=		

×	7	6
	1	4
=		

×	6	0
	1	7
=		

×	7	9
	2	7
=		

×	9	9
	9	1
=		

×	8	0
	3	7
=		

×	3	5
	2	7
=		

×	6	0
	4	7
=		

×	5	0
	1	7
=		

×	4	4
	0	6
=		

×	6	5
	4	7
=		

×	2	2
	0	4
=		

Day 53

☐ Name: _____
☐ Date: _____

Score .../12

×	7	5
	3	7
=		

×	4	6
	1	0
=		

×	6	0
	2	5
=		

×	1	2
	0	3
=		

×	7	4
	3	7
=		

×	6	9
	2	7
=		

×	7	1
	4	6
=		

×	9	4
	6	8
=		

×	0	8
	0	2
=		

×	5	0
	1	2
=		

×	7	2
	5	6
=		

×	3	9
	1	0
=		

Day 54

❑ Name : ____________

❑ Date : ____________

Score .../12

X	8	1
	2	3
=		

X	6	0
	2	7
=		

X	5	8
	4	6
=		

X	3	4
	1	7
=		

X	4	4
	1	4
=		

X	7	4
	2	7
=		

X	8	8
	2	1
=		

X	3	0
	2	3
=		

X	6	2
	1	9
=		

X	8	4
	3	3
=		

X	8	4
	2	1
=		

X	6	0
	1	6
=		

Answers Mutiplication

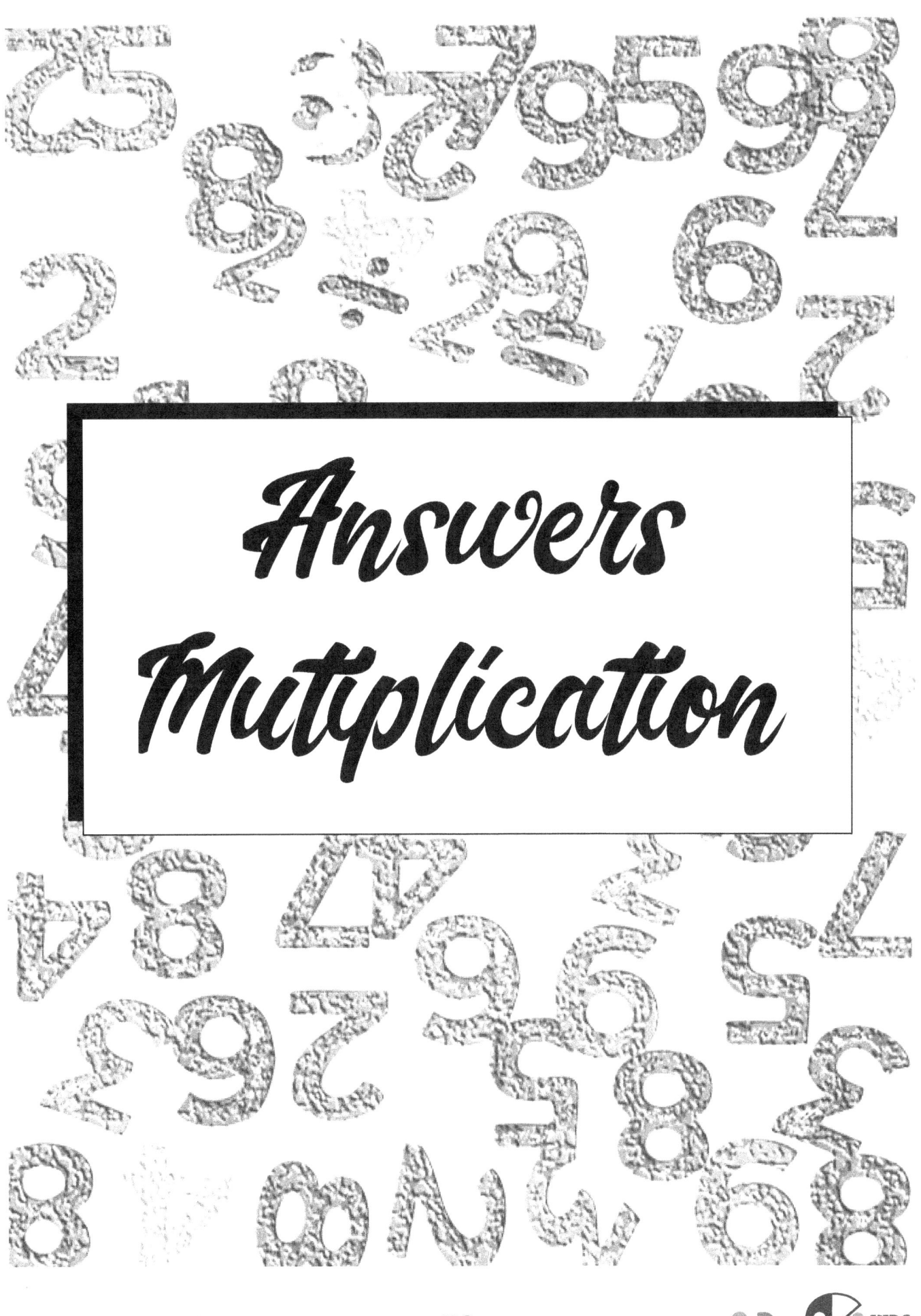

Day 1

☐ Name : _____
☐ Date : _____

Score …/12

x	5	3
	4	7
=	2491	

x	5	6
	4	7
=	2632	

x	5	4
	8	7
=	4698	

x	5	8
	4	7
=	2726	

x	5	4
	2	7
=	1458	

x	6	4
	9	7
=	6208	

x	5	4
	2	7
=	1458	

x	2	4
	4	7
=	1128	

x	5	8
	2	7
=	1566	

x	9	4
	4	2
=	3948	

x	5	4
	4	7
=	2538	

x	8	2
	3	6
=	2952	

Day	2	❑ Name : ____________ ❑ Date : ____________	Score .../12

X	4	3
	1	7
=	731	

X	5	6
	4	6
=	2576	

X	3	1
	8	5
=	2635	

X	4	2
	4	3
=	1932	

X	4	4
	3	7
=	1628	

X	4	3
	8	1
=	3483	

X	5	4
	4	6
=	2484	

X	2	4
	4	8
=	1152	

X	5	8
	2	7
=	1566	

X	9	4
	4	2
=	3948	

X	4	2
	4	7
=	1974	

X	8	4
	4	6
=	3864	

O.D. KIDS

Day 3	❑ Name : ____________ ❑ Date : ____________	Score .../12

X	5	3
	3	7
=	1961	

X	5	2
	3	7
=	1924	

X	1	8
	8	6
=	1548	

X	5	4
	7	7
=	4158	

X	2	4
	3	6
=	864	

X	6	5
	6	7
=	4355	

X	2	8
	3	7
=	1036	

X	6	2
	4	7
=	2914	

X	1	2
	3	7
=	444	

X	7	4
	1	2
=	888	

X	5	4
	3	1
=	1674	

X	8	1
	4	6
=	3726	

Day 4

☐ Name: _____
☐ Date: _____

Score …/12

×	4	1
	2	7
=	1107	

×	5	6
	4	6
=	2576	

×	3	1
	8	5
=	2635	

×	4	2
	6	3
=	2646	

×	4	4
	3	7
=	1628	

×	4	3
	8	1
=	3483	

×	5	4
	4	6
=	2484	

×	3	4
	4	9
=	1666	

×	8	8
	2	7
=	2376	

×	9	6
	1	2
=	1152	

×	4	2
	1	5
=	630	

×	8	4
	6	6
=	5544	

Day 5

❑ **Name :** ____________

❑ **Date :** ____________

Score
.../12

X	5	3
	4	4
=	2332	

X	5	6
	5	7
=	3192	

X	2	4
	8	7
=	2088	

X	5	8
	4	2
=	2436	

X	2	4
	2	7
=	648	

X	3	4
	9	7
=	3298	

X	5	4
	2	9
=	1566	

X	2	4
	5	7
=	1368	

X	5	8
	9	7
=	5626	

X	9	3
	4	2
=	3906	

X	5	4
	4	4
=	2376	

X	8	9
	7	6
=	6764	

Day 6	❑ Name : ____________ ❑ Date : ____________	Score .../12

X	4	3
	1	3
=	559	

X	1	6
	2	6
=	416	

X	3	0
	0	5
=	150	

X	4	2
	1	3
=	546	

X	4	4
	2	7
=	1188	

X	0	3
	8	1
=	243	

X	1	4
	4	1
=	574	

X	2	4
	4	2
=	1008	

X	5	8
	2	3
=	1334	

X	9	4
	4	5
=	4230	

X	4	1
	4	7
=	1927	

X	8	4
	5	6
=	4704	

Day	7

❑ Name : ____________

❑ Date : ____________

Score .../12

X	9	4
	7	2
=	6768	

X	2	2
	1	3
=	286	

X	4	7
	5	7
=	2679	

X	1	4
	3	7
=	518	

X	2	4
	1	6
=	384	

X	4	5
	3	7
=	1665	

X	7	8
	8	7
=	6786	

X	6	2
	5	7
=	3534	

X	1	6
	1	7
=	272	

X	4	4
	0	2
=	88	

X	4	0
	9	1
=	3640	

X	3	1
	1	6
=	496	

Day 8

❑ Name : ____________

❑ Date : ____________

Score
.../12

X	5	1
	4	7
=	2397	

X	4	0
	2	6
=	1040	

X	3	1
	2	5
=	775	

X	4	3
	2	3
=	989	

X	9	1
	5	7
=	5187	

X	1	1
	4	1
=	451	

X	3	4
	1	7
=	578	

X	4	4
	7	5
=	3300	

X	1	3
	1	7
=	221	

X	4	5
	1	6
=	720	

X	4	2
	2	3
=	966	

X	4	3
	3	0
=	1290	

Day	**9**	❑ **Name :** ____________ ❑ **Date :** ____________	Score .../12

X	1	3
	3	7
=	481	

X	3	6
	1	4
=	504	

X	5	0
	1	7
=	850	

X	6	9
	2	7
=	1863	

X	2	3
	9	7
=	2231	

X	2	0
	3	7
=	740	

X	8	5
	9	7
=	8245	

X	3	0
	4	7
=	1410	

X	2	0
	1	7
=	340	

X	3	4
	0	3
=	102	

X	3	5
	4	7
=	1645	

X	2	2
	2	4
=	528	

Day	10	❑ Name : ____________ ❑ Date : ____________	Score .../12

X	5	5
	3	7
=	2035	

X	5	6
	1	0
=	560	

X	8	0
	2	5
=	2000	

X	3	2
	2	3
=	736	

X	8	4
	3	7
=	3108	

X	6	3
	6	7
=	4221	

X	9	1
	4	6
=	4186	

X	9	4
	7	8
=	7332	

X	0	8
	0	2
=	16	

X	2	0
	1	2
=	240	

X	6	2
	5	7
=	3534	

X	3	4
	1	0
=	340	

Day 11

- Name : _____
- Date : _____

Score .../12

×	4	1
	2	3
=	943	

×	3	0
	2	7
=	810	

×	2	8
	4	6
=	1288	

×	4	4
	1	7
=	748	

×	4	4
	1	4
=	616	

×	1	4
	2	7
=	378	

×	7	8
	2	1
=	1638	

×	4	0
	2	3
=	920	

×	2	2
	1	9
=	418	

×	6	4
	3	3
=	2112	

×	6	4
	2	1
=	1344	

×	3	0
	1	6
=	480	

Day 12

❑ Name : ____________

❑ Date : ____________

Score
.../12

X	6	1
	2	2
=	1342	

X	6	5
	5	1
=	3315	

X	1	1
	1	5
=	165	

X	7	2
	3	0
=	2160	

X	3	4
	2	0
=	680	

X	6	3
	1	1
=	693	

X	6	0
	1	6
=	960	

X	3	0
	7	9
=	2370	

X	8	8
	4	7
=	4136	

X	4	4
	1	8
=	792	

X	4	2
	3	0
=	1260	

X	7	4
	4	1
=	3034	

Day 13

Name: _____
Date: _____

Score .../12

x	4	2
	6	4
=	2688	

x	3	6
	2	3
=	828	

x	8	6
	4	7
=	4042	

x	0	2
	7	2
=	144	

x	3	4
	4	8
=	1632	

x	5	1
	2	7
=	1377	

x	6	0
	3	9
=	2340	

x	6	4
	4	2
=	2688	

x	4	6
	1	7
=	782	

x	2	8
	1	2
=	336	

x	7	4
	5	4
=	3996	

x	3	0
	6	6
=	1980	

Day	14	Name : ____________	Score .../12
		Date : ____________	

X	0	5
	3	3
=	165	

X	6	6
	3	0
=	1980	

X	7	9
	2	5
=	1975	

X	1	5
	1	3
=	195	

X	8	4
	0	7
=	588	

X	6	3
	7	0
=	4410	

X	8	3
	2	1
=	1743	

X	6	4
	0	3
=	192	

X	8	2
	1	3
=	1066	

X	7	4
	1	3
=	962	

X	6	1
	5	4
=	3294	

X	0	4
	0	8
=	32	

Day	15	❑ Name : ____________	Score
		❑ Date : ____________	.../12

X	7	4
	2	3
=	1702	

X	3	2
	1	0
=	320	

X	7	0
	6	7
=	4690	

X	0	4
	3	7
=	148	

X	3	4
	1	6
=	544	

X	7	0
	3	7
=	2590	

X	3	8
	8	4
=	3192	

X	1	2
	0	7
=	84	

X	1	4
	1	7
=	238	

X	3	4
	0	2
=	68	

X	1	0
	9	1
=	910	

X	8	3
	1	6
=	1328	

Day 16

❑ **Name :** ____________

❑ **Date :** ____________

Score .../12

X	6	1
	4	7
=	2867	

X	4	0
	2	6
=	1040	

X	3	1
	2	5
=	775	

X	4	3
	2	3
=	989	

X	9	1
	5	7
=	5187	

X	1	1
	4	1
=	451	

X	3	4
	1	7
=	578	

X	4	4
	7	5
=	3300	

X	1	4
	1	7
=	238	

X	4	5
	1	6
=	720	

X	4	2
	2	3
=	966	

X	4	3
	3	0
=	1290	

Day	**17**

❑ **Name :** ____________

❑ **Date :** ____________

Score .../12

X	1	3
	7	7
=	1001	

X	8	6
	2	7
=		

X	7	4
	6	7
=		

X	6	8
	4	7
=		

X	5	4
	1	0
=	2322	

X	5	4
	3	7
=	1998	

X	7	4
	3	0
=	2220	

X	2	4
	1	8
=	432	

X	4	5
	8	7
=	3915	

X	7	4
	2	2
=	1628	

X	1	4
	0	7
=	98	

X	1	2
	1	3
=	156	

Day 18

❑ **Name :** ____________

❑ **Date :** ____________

Score .../12

X	2	3
	1	7
=	391	

X	4	6
	1	6
=	736	

X	5	1
	2	5
=	1275	

X	9	2
	7	3
=	6716	

X	8	4
	2	7
=	2268	

X	8	3
	4	1
=	1245	

X	1	4
	7	6
=	1064	

X	9	4
	8	8
=	8272	

X	3	8
	1	5
=	570	

X	4	4
	3	2
=	1408	

X	7	3
	4	7
=	3431	

X	3	7
	2	6
=	962	

Day 19

Name: _____
Date: _____
Score .../12

x	3	3
	7	4
=	2442	

x	1	2
	2	8
=	336	

x	5	8
	4	6
=	2668	

x	4	7
	2	7
=	1269	

x	6	4
	1	3
=	832	

x	4	0
	1	7
=	680	

x	4	8
	2	7
=	1296	

x	3	2
	1	2
=	384	

x	8	2
	1	5
=	1230	

x	5	4
	3	3
=	1782	

x	7	5
	6	1
=	4575	

x	3	0
	3	6
=	1080	

Day 20

Name : _____
Date : _____
Score .../12

x	1	1
	3	3
=	363	

x	7	6
	9	6
=	7296	

x	9	1
	2	5
=	2275	

x	5	4
	1	3
=	702	

x	6	4
	2	5
=	1600	

x	1	4
	0	1
=	14	

x	5	4
	1	4
=	756	

x	1	4
	7	6
=	1064	

x	3	8
	2	2
=	836	

x	2	7
	2	2
=	594	

x	4	2
	5	8
=	2436	

x	7	0
	3	6
=	2520	

Day 21

❑ Name : ____________

❑ Date : ____________

Score .../12

X	6	3
	8	7
=	5481	

X	3	6
	2	7
=	972	

X	6	4
	4	7
=	3008	

X	8	8
	2	2
=	1936	

X	2	4
	4	4
=	1056	

X	5	4
	2	8
=	1512	

X	1	4
	3	8
=	532	

X	5	4
	4	6
=	2484	

X	2	8
	1	3
=	364	

X	1	3
	3	2
=	416	

X	8	5
	7	4
=	6290	

X	9	9
	1	8
=	1782	

Day 22

❑ Name : ____________

❑ Date : ____________

Score
.../12

X	4	3
	3	3
=	1419	

X	5	6
	1	6
=	3136	

X	3	0
	2	5
=	750	

X	7	2
	4	3
=	3096	

X	8	4
	0	7
=	588	

X	6	3
	2	0
=	1260	

X	4	4
	7	6
=	3344	

X	2	4
	6	4
=	1536	

X	4	7
	2	3
=	1081	

X	6	6
	7	5
=	4950	

X	8	1
	4	7
=	3807	

X	1	4
	0	6
=	84	

Day 23

Name: _____
Date: _____

Score .../12

	0	4
X	0	2
=		8

	2	2
X	1	3
=	286	

	4	7
X	5	7
=	2679	

	1	6
X	3	7
=	592	

	1	5
X	1	6
=	240	

	4	5
X	3	7
=	1665	

	8	8
X	8	7
=	7656	

	6	2
X	5	7
=	3534	

	7	6
X	1	0
=	760	

	4	4
X	3	2
=	1408	

	7	0
X	9	5
=	6650	

	3	7
X	1	6
=	592	

Day 24

❑ Name : ____________

❑ Date : ____________

Score .../12

X	8	1
	4	8
=	3888	

X	4	0
	2	6
=	1040	

X	4	1
	2	5
=	1025	

X	4	3
	2	6
=	1161	

X	9	1
	5	7
=	5187	

X	4	6
	1	1
=	506	

X	3	4
	2	7
=	918	

X	4	7
	7	5
=	3525	

X	2	3
	1	7
=	391	

X	4	5
	1	6
=	720	

X	4	2
	2	3
=	966	

X	4	3
	3	9
=	1677	

Day	25

❑ Name : ____________

❑ Date : ____________

Score .../12

X	8	3
	3	7
=	3071	

X	7	6
	1	4
=	1064	

X	6	0
	1	7
=	1020	

X	7	9
	2	7
=	2133	

X	9	3
	9	7
=	9021	

X	8	0
	3	7
=	2960	

X	3	5
	2	7
=	945	

X	4	0
	4	7
=	1880	

X	5	0
	1	7
=	850	

X	4	4
	0	6
=	264	

X	3	5
	4	7
=	1645	

X	2	2
	0	4
=	88	

Day 26

❑ Name : ____________

❑ Date : ____________

Score .../12

X	7	5
	3	7
=	2775	

X	4	6
	1	0
=	460	

X	6	0
	2	5
=	1500	

X	1	2
	0	3
=	36	

X	7	4
	3	7
=	5032	

X	5	3
	6	7
=	3551	

X	7	1
	4	6
=	3266	

X	9	4
	6	8
=	6392	

X	0	8
	0	2
=	16	

X	5	0
	1	2
=	600	

X	5	2
	5	6
=	2912	

X	3	9
	1	0
=	390	

Day	27	Name : ____________	Score
		Date : ____________	.../12

X	8	1
	2	3
=	1863	

X	6	0
	2	7
=	1620	

X	5	8
	4	6
=	2668	

X	3	4
	1	7
=	578	

X	4	4
	1	4
=	616	

X	7	4
	2	7
=	1998	

X	8	8
	2	1
=	1848	

X	3	0
	2	3
=	690	

X	6	2
	1	9
=	1178	

X	8	4
	3	3
=	2772	

X	8	4
	2	1
=	1764	

X	6	0
	1	6
=	960	

Day 28

❑ Name : ____________

❑ Date : ____________

Score .../12

X	5	3
	4	7
=	2491	

X	5	6
	4	7
=	2632	

X	5	4
	4	7
=	2538	

X	5	8
	4	7
=	2726	

X	5	4
	2	7
=	1458	

X	6	4
	3	7
=	2368	

X	5	4
	2	7
=	1458	

X	4	4
	2	7
=	1188	

X	5	8
	2	7
=	1566	

X	9	4
	4	2
=	3948	

X	5	4
	4	7
=	2538	

X	8	2
	3	6
=	2952	

Day 29

❑ Name : ____________

❑ Date : ____________

Score .../12

X	4	3
	1	7
=	731	

X	5	6
	4	6
=	2576	

X	8	1
	3	5
=	2835	

X	4	9
	4	3
=	2107	

X	4	4
	3	7
=	1628	

X	7	3
	4	1
=	2993	

X	5	4
	4	6
=	2484	

X	4	9
	4	8
=	2352	

X	5	8
	2	7
=	1566	

X	9	4
	4	2
=	3864	

X	5	6
	4	7
=	2632	

X	8	4
	4	6
=	3864	

Day	30	❑ Name : ____________ ❑ Date : ____________	Score .../12

X	5	3
	3	7
=	1961	

X	5	2
	3	7
=	1924	

X	8	8
	2	6
=	2288	

X	5	4
	3	9
=	2106	

X	3	6
	3	6
=	1296	

X	7	5
	6	9
=	5175	

X	6	8
	4	7
=	3196	

X	6	2
	4	7
=	2914	

X	4	2
	3	7
=	1554	

X	7	4
	1	2
=	888	

X	5	4
	3	1
=	1674	

X	8	1
	4	6
=	3726	

Day	31	❑ Name : ____________ ❑ Date : ____________	Score .../12

X	4	1
	2	7
=	1107	

X	5	6
	4	6
=	2576	

X	8	1
	3	5
=	2835	

X	6	2
	1	3
=	806	

X	4	4
	3	7
=	1628	

X	4	3
	2	1
=	903	

X	5	4
	4	6
=	2484	

X	6	4
	4	9
=	3136	

X	8	8
	2	7
=	2376	

X	9	6
	1	2
=	1152	

X	4	2
	1	5
=	630	

X	8	4
	6	6
=	5544	

Day 32

❑ Name : ____________

❑ Date : ____________

Score .../12

X	5	3
	4	4
=	2332	

X	5	6
	5	0
=	2800	

X	9	4
	8	7
=	8178	

X	5	8
	4	2
=	2436	

X	2	4
	2	1
=	504	

X	3	4
	1	7
=	578	

X	5	4
	2	9
=	1566	

X	2	4
	1	7
=	408	

X	7	8
	2	7
=	2106	

X	9	3
	4	2
=	3906	

X	5	4
	4	4
=	2376	

X	8	9
	7	6
=	6764	

Day 33

☐ Name : ____________

☐ Date : ____________

Score .../12

X	4	3
	1	3
=	559	

X	4	6
	2	6
=	1196	

X	3	0
	0	5
=	150	

X	4	2
	1	3
=	546	

X	4	4
	2	7
=	1188	

X	6	3
	4	1
=	2583	

X	6	4
	4	1
=	2624	

X	7	4
	4	2
=	3108	

X	5	8
	2	3
=	1334	

X	9	4
	4	5
=	4230	

X	4	1
	1	7
=	697	

X	8	4
	5	6
=	4704	

Day 34

❑ Name : ____________

❑ Date : ____________

Score .../12

X	9	4
	7	2
=	6768	

X	2	2
	1	3
=	286	

X	5	7
	4	7
=	2679	

X	6	4
	3	7
=	2368	

X	2	4
	1	6
=	384	

X	4	5
	3	7
=	1665	

X	9	8
	3	7
=	3626	

X	6	2
	5	7
=	3534	

X	2	6
	1	5
=	390	

X	4	4
	0	2
=	88	

X	4	0
	2	1
=	840	

X	3	1
	1	6
=	496	

Day	35

❑ Name : ____________

❑ Date : ____________

Score .../12

X	5	1
	4	7
=	2397	

X	4	0
	2	6
=	1040	

X	3	1
	2	5
=	775	

X	4	3
	2	3
=	989	

X	9	1
	5	7
=	5187	

X	3	1
	2	1
=	651	

X	3	4
	1	7
=	578	

X	8	4
	7	5
=	6300	

X	2	3
	1	9
=	437	

X	4	5
	1	6
=	720	

X	4	2
	2	3
=	966	

X	4	3
	3	0
=	1290	

Day	36	Name : ________	Score
		Date : ________	.../12

X	4	3
	3	7
=	1597	

X	3	6
	1	4
=	504	

X	5	0
	1	7
=	850	

X	6	9
	2	7
=	1863	

X	7	3
	4	7
=	3431	

X	6	0
	5	7
=	3420	

X	7	5
	3	7
=	2775	

X	5	0
	2	1
=	1050	

X	2	0
	1	7
=	340	

X	3	4
	0	3
=	102	

X	3	5
	2	3
=	805	

X	6	2
	2	4
=	1488	

Day	37

❑ Name : ____________

❑ Date : ____________

Score .../12

X	5	5
	3	7
=	2035	

X	5	6
	1	0
=	560	

X	8	0
	2	5
=	2000	

X	3	2
	2	3
=	736	

X	8	4
	3	7
=	3108	

X	6	3
	5	7
=	3591	

X	9	1
	4	6
=	4186	

X	9	4
	7	8
=	7332	

X	0	8
	0	2
=	16	

X	2	0
	1	2
=	240	

X	6	2
	5	7
=	3534	

X	3	4
	1	0
=	340	

Day	**38**	❑ **Name :** ____________ ❑ **Date :** ____________	Score .../12

X	4	1
	2	3
=	943	

X	3	0
	2	7
=	810	

X	6	8
	4	6
=	3128	

X	4	4
	1	7
=	748	

X	5	4
	1	4
=	756	

X	3	4
	2	7
=	918	

X	7	8
	2	1
=	1638	

X	4	0
	2	3
=	920	

X	2	2
	1	9
=	418	

X	6	4
	3	3
=	2112	

X	6	4
	2	1
=	1344	

X	3	0
	1	6
=	480	

Day 39

☐ Name : ____________

☐ Date : ____________

Score .../12

X	6	1
	2	2
=	1342	

X	6	5
	5	1
=	3315	

X	2	1
	1	5
=	315	

X	7	2
	3	0
=	2160	

X	3	4
	2	0
=	680	

X	6	3
	1	1
=	693	

X	6	0
	1	6
=	960	

X	8	0
	7	9
=	6320	

X	8	8
	4	7
=	4136	

X	4	4
	1	8
=	792	

X	4	2
	3	0
=	1260	

X	7	4
	4	1
=	3034	

Day	40	❑ Name : ____________	Score …/12
		❑ Date : ____________	

X	7	2
	6	4
=	4608	

X	3	6
	2	3
=	828	

X	8	6
	4	7
=	4042	

X	6	2
	5	2
=	3224	

X	8	4
	4	8
=	4032	

X	5	1
	2	7
=	1377	

X	6	0
	3	9
=	2340	

X	6	4
	4	2
=	2688	

X	4	6
	1	7
=	782	

X	2	8
	1	2
=	336	

X	7	4
	5	4
=	3996	

X	3	0
	2	6
=	780	

Day	41	❑ Name : ____________ ❑ Date : ____________	Score .../12

X	8	5
	3	3
=	2805	

X	6	6
	3	0
=	1980	

X	7	9
	2	5
=	1975	

X	1	5
	1	3
=	195	

X	8	4
	0	7
=	588	

X	8	3
	7	0
=	5810	

X	8	3
	2	1
=	1743	

X	6	4
	0	3
=	192	

X	8	2
	1	3
=	1066	

X	7	4
	1	3
=	962	

X	6	1
	5	4
=	3294	

X	3	9
	0	8
=	312	

Day 42

❑ Name : ____________

❑ Date : ____________

Score
.../12

X	7	4
	2	3
=	1702	

X	3	2
	1	0
=	320	

X	7	0
	6	7
=	4690	

X	4	4
	3	7
=	1628	

X	3	4
	1	6
=	544	

X	7	0
	3	7
=	2590	

X	9	8
	8	4
=	8232	

X	1	2
	0	7
=	84	

X	4	9
	1	7
=	833	

X	3	4
	0	2
=	68	

X	8	0
	2	1
=	1680	

X	8	3
	1	6
=	1328	

Day 43

❑ Name : ____________

❑ Date : ____________

Score .../12

X	6	1
	4	7
=	2867	

X	4	0
	2	6
=	1040	

X	3	1
	2	5
=	775	

X	4	3
	2	3
=	989	

X	9	1
	5	7
=	5187	

X	4	1
	4	1
=	1681	

X	3	4
	1	7
=	578	

X	6	4
	2	5
=	1600	

X	3	9
	1	7
=	663	

X	4	5
	1	6
=	720	

X	4	2
	2	3
=	966	

X	4	3
	3	0
=	1290	

Day 44

☐ Name : _____
☐ Date : _____

Score …/12

×	6	3
	2	7
=	\multicolumn{2}{c	}{1701}

×	8	6
	2	7
=	\multicolumn{2}{c	}{2322}

×	7	4
	6	7
=	\multicolumn{2}{c	}{4958}

×	6	8
	4	7
=	\multicolumn{2}{c	}{3196}

×	5	4
	1	0
=	\multicolumn{2}{c	}{540}

×	5	4
	3	7
=	\multicolumn{2}{c	}{1998}

×	7	4
	3	0
=	\multicolumn{2}{c	}{2220}

×	2	4
	1	8
=	\multicolumn{2}{c	}{432}

×	4	5
	3	7
=	\multicolumn{2}{c	}{1665}

×	7	4
	2	2
=	\multicolumn{2}{c	}{1628}

×	1	4
	0	7
=	\multicolumn{2}{c	}{98}

×	3	2
	1	3
=	\multicolumn{2}{c	}{416}

Day	45

❑ Name : ____________

❑ Date : ____________

Score .../12

X	2	3
	1	7
=	391	

X	4	6
	1	6
=	736	

X	5	1
	2	5
=	1275	

X	9	2
	7	3
=	6716	

X	8	4
	2	7
=	2268	

X	8	3
	4	1
=	3403	

X	5	4
	3	6
=	1944	

X	9	4
	8	8
=	8272	

X	3	8
	1	5
=	570	

X	4	4
	3	2
=	1408	

X	7	3
	4	7
=	3431	

X	3	7
	2	6
=	962	

Day 46

❑ Name : ____________

❑ Date : ____________

Score
.../12

X	6	3
	1	4
=	882	

X	4	2
	2	8
=	1176	

X	5	8
	4	6
=	2668	

X	4	7
	2	7
=	1269	

X	6	4
	1	3
=	832	

X	4	0
	1	7
=	680	

X	4	8
	2	7
=	1296	

X	3	2
	1	2
=	384	

X	8	2
	1	5
=	1230	

X	5	4
	3	3
=	1782	

X	7	5
	6	1
=	4575	

X	5	0
	3	6
=	1800	

Day 47

❑ Name : ____________

❑ Date : ____________

Score .../12

X	5	1
	3	3
=	1683	

X	7	6
	3	6
=	2736	

X	9	1
	2	5
=	2275	

X	5	4
	1	3
=	702	

X	6	4
	2	5
=	1600	

X	1	4
	0	1
=	14	

X	5	4
	1	4
=	756	

X	8	4
	7	6
=	6384	

X	3	8
	2	2
=	836	

X	2	7
	2	2
=	594	

X	6	2
	5	8
=	3596	

X	7	0
	3	6
=	2520	

Day 48

❑ Name : ____________

❑ Date : ____________

Score .../12

X	6	3
	4	7
=	2961	

X	3	6
	2	7
=	972	

X	6	4
	4	7
=	3008	

X	8	8
	2	2
=	1936	

X	6	4
	4	4
=	2816	

X	5	4
	2	8
=	1512	

X	6	6
	3	8
=	2508	

X	5	4
	4	6
=	2484	

X	2	8
	1	3
=	364	

X	4	3
	3	2
=	1376	

X	8	5
	7	4
=	6290	

X	9	9
	1	8
=	1782	

Day	49	Name : ____________	Score
		Date : ____________	.../12

X	4	3
	3	3
=	1419	

X	5	6
	1	6
=	896	

X	3	0
	2	5
=	750	

X	7	2
	4	3
=	3096	

X	8	4
	0	7
=	588	

X	6	3
	2	0
=	1260	

X	4	4
	2	6
=	1144	

X	3	1
	2	4
=	744	

X	4	7
	2	3
=	1081	

X	6	6
	6	5
=	4290	

X	8	1
	4	7
=	3807	

X	1	4
	0	6
=	84	

Day 50

❑ Name : ____________

❑ Date : ____________

Score .../12

X	0	4
	0	2
=	8	

X	2	2
	1	3
=	286	

X	6	2
	5	7
=	3534	

X	4	5
	3	7
=	1665	

X	3	5
	1	6
=	560	

X	4	5
	3	7
=	1665	

X	8	8
	8	7
=	7656	

X	6	2
	5	7
=	3534	

X	7	6
	1	0
=	760	

X	4	4
	3	2
=	1408	

X	8	0
	3	5
=	2800	

X	3	7
	1	6
=	592	

Day 51

❑ Name : ____________

❑ Date : ____________

Score .../12

X	8	1
	4	8
=	3888	

X	4	0
	2	6
=	1040	

X	4	1
	2	5
=	1025	

X	4	3
	2	6
=	1118	

X	9	1
	5	7
=	5187	

X	4	6
	1	1
=	506	

X	3	4
	2	7
=	918	

X	5	7
	2	5
=	1425	

X	2	3
	1	7
=	391	

X	4	5
	1	6
=	720	

X	4	2
	2	3
=	966	

X	4	3
	3	9
=	1677	

Day 52

❑ Name : ____________

❑ Date : ____________

Score .../12

X	8	3
	3	7
=	3071	

X	7	6
	1	4
=	1064	

X	6	0
	1	7
=	1020	

X	7	9
	2	7
=	2133	

X	9	9
	9	1
=	9009	

X	8	0
	3	7
=	2960	

X	3	5
	2	7
=	945	

X	6	0
	4	7
=	2820	

X	5	0
	1	7
=	850	

X	4	4
	0	6
=	264	

X	6	5
	4	7
=	3055	

X	2	2
	0	4
=	88	

Day	53	❑ Name : ____________ ❑ Date : ____________	Score .../12

X	7	5
	3	7
=	2775	

X	4	6
	1	0
=	460	

X	6	0
	2	5
=	1500	

X	1	2
	0	3
=	36	

X	7	4
	3	7
=	2738	

X	6	9
	2	7
=	1863	

X	7	1
	4	6
=	3266	

X	9	4
	6	8
=	6392	

X	0	8
	0	2
=	16	

X	5	0
	1	2
=	600	

X	7	2
	5	6
=	4032	

X	3	9
	1	0
=	390	

Day	54

❑ Name : ____________

❑ Date : ____________

Score
.../12

X	8	1
	2	3
=	1863	

X	6	0
	2	7
=	1620	

X	5	8
	4	6
=	2668	

X	3	4
	1	7
=	578	

X	4	4
	1	4
=	616	

X	7	4
	2	7
=	1998	

X	8	8
	2	1
=	1848	

X	3	0
	2	3
=	690	

X	6	2
	1	9
=	1178	

X	8	4
	3	3
=	2772	

X	8	4
	2	1
=	1764	

X	6	0
	1	6
=	960	

www.ingramcontent.com/pod-product-compliance
Lightning Source LLC
Chambersburg PA
CBHW062355220526
45472CB00008B/1816
9798420188071